·长度2·

毛毛虫一家 去旅行

〔韩〕金秀卿 / 著 〔韩〕裴惠永 / 绘 江凡 / 译

云南出版集团 晨光出版社

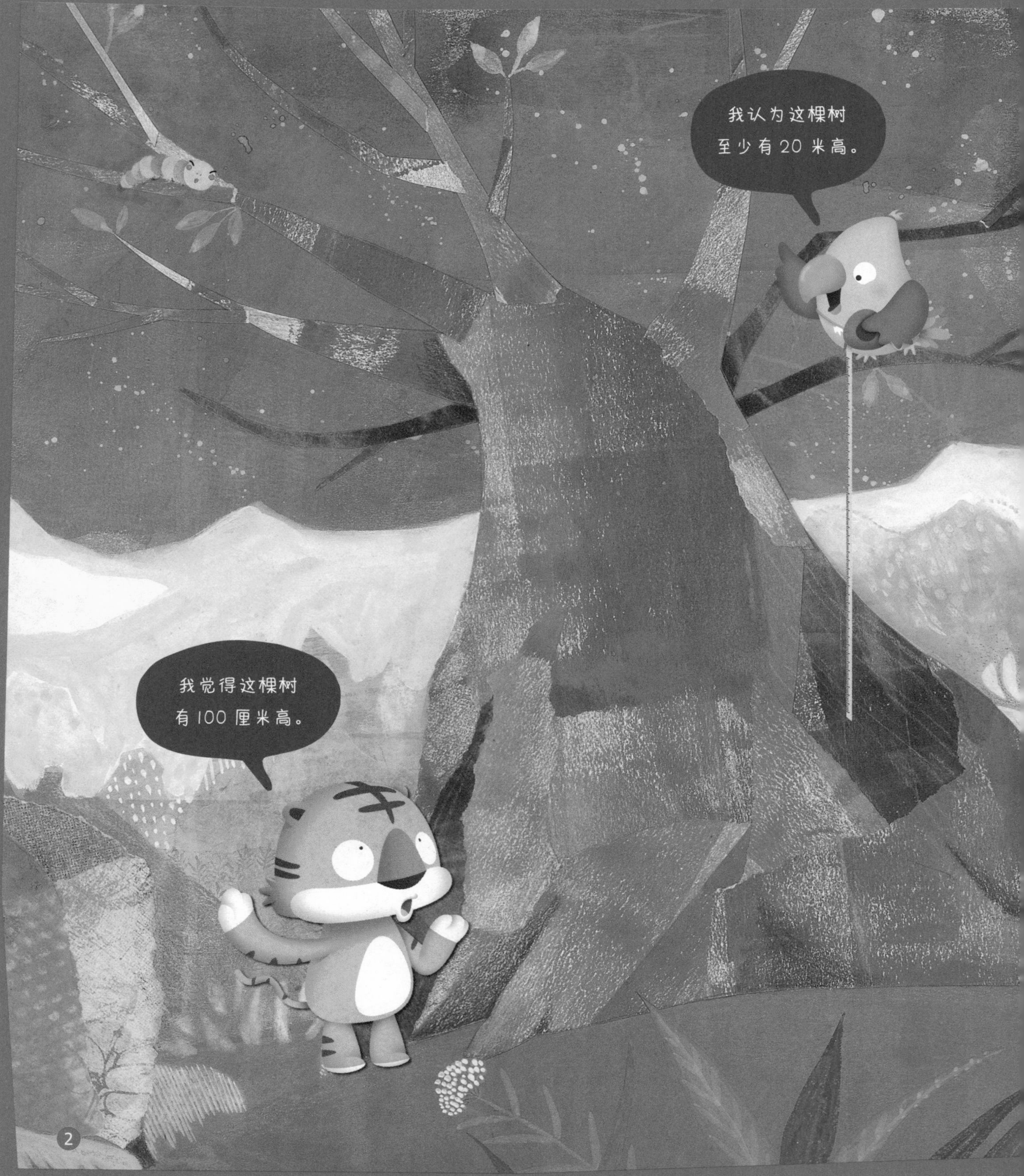
我认为这棵树
至少有20米高。
我觉得这棵树
有100厘米高。

小伙伴们正在观察森林深处的一棵大树，他们准备写一篇观察日记。

观察日记就是用日记的形式，记录下自己观察到的关于大树的各种信息。

现在，小伙伴们想知道这棵大树究竟有多高。

虽然还没量出具体的高度，你觉得阿虎和小粉谁说得更合理呢？

"啊，森林里可太无聊了！周围只有树叶。"

"得想个办法，去看看不一样的风景啊！"

"我听鸟儿们说过，往北边走有一个叫沙漠的地方。

那里到处都是柔软的泥土……"

"哇！爸爸妈妈，我们也去沙漠吧！"

就这样，住在森林里的毛毛虫一家踏上了前往沙漠的旅程，他们怀着激动的心情朝沙漠的方向爬去。

"爸爸，咱们还要走多久啊？"毛毛问。

"还要再走 1 千米。"

"1 千米是多远？"

"你的身长是 1 厘米，走你身体这么长的距离 100 遍就是 1 米，1 米的距离走上 1000 遍，就是 1 千米了。"

"唉，100 遍，1000 遍？"

毛毛听完爸爸的话，一下子泄了气。

"来，从现在开始，我们一边走一边量量这条路的长度吧。这样很快就能到了。"

妈妈鼓励毛毛。

终于，毛毛虫一家来到了沙漠。

"哇，沙漠里的沙子可真多啊！"

毛毛第一次看见沙漠的风景，兴奋地喊起来。

可是，高兴劲儿一过，毛毛虫一家就开始失望了。

沙漠里既没有枝繁叶茂的大树，也没有铺满柔软苔藓的石头。

这里只有凹凸不平的石子，干燥粗糙的沙子，飞扬的尘土和炎炎的烈日。

“啊，看那边！”

毛毛用手指着什么。

有个东西迅速地贴着地面跑过去了。

好奇心满满的毛毛也赶紧跟着爬了过去。

“毛毛，小心啊，那是可怕的蜥蜴！”妈妈吓了一跳，喊了起来。

“知道了，妈妈。我只看一眼他长什么样，马上就回来！”

毛毛轻轻地往蜥蜴的方向挪去。

毛毛对蜥蜴的长相非常好奇。

"哇，蜥蜴的尾巴可真长啊。"

毛毛突然想量一量蜥蜴的尾巴到底有多长。

他小心翼翼地爬到蜥蜴的身后。

咕扭，唰，咕扭，唰，咕扭咕扭，唰唰……

"哎呀，蜥蜴的尾巴有 7 厘米长呢。"

就在这时，蜥蜴突然"噌"地转过头来望向身后，
用非常可怕的眼神盯着毛毛。

"啊，蜥蜴想要吃了我！"毛毛
被吓了一大跳，大声叫起来。

爸爸飞快地爬上石头喊道："毛毛，
快把身体变长！"

"怎么变长？爸爸，怎么才能把身体变长？"
毛毛快要哭出来了，着急地问。

"毛毛，像这样！吸——"爸爸深深地吸了一口气，
身体突然就变得特别长。

"吸，吸。"

毛毛也学起爸爸的样子。

但是，他的身体一点儿也没有变长。

眼看蜥蜴就要揪住毛毛了。

毛毛用尽全身力气又深深地吸了一口气。

"吸，吸，吸——"

突然，神奇的事情发生了，毛毛的身体变长了。

唰，唰，唰唰，唰唰。

原本只有 1 厘米的毛毛足足长了 100 倍。

他的身长变成了 1 米！

蜥蜴吓了一跳，拖着尾巴逃走了。

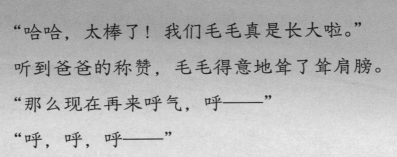

"哈哈，太棒了！我们毛毛真是长大啦。"

听到爸爸的称赞，毛毛得意地耸了耸肩膀。

"那么现在再来呼气，呼——"

"呼，呼，呼——"

毛毛学着爸爸的样子，深深地吐了一口气，

身体又缩回到了原来的1厘米长。

"像刚才那样有危险的时候，只要深吸一口气，身体就会变长 100 倍。呼气，就会再次变短。"

爸爸的话音刚落，妈妈就笑着提醒道："这是我们家的秘密哟。"

毛毛虫一家继续在沙漠里旅行。

一整天都没有吃饭，大家饿极了。

"妈妈，沙漠里好像一棵树也没有，只有长着尖刺的仙人掌。"

"是啊，不管怎么走都只能看见沙子。"

"早知道就不离开森林了。"

毛毛累得快要哭出来了。

就在这时，有什么东西映入了毛毛的眼帘。

"啊，那边好像有什么东西！"

一棵小草从一条细细的石头缝里探出了头。

24

　　“毛毛啊，我记得鸟儿们说过，那好像是骆驼草，它长着尖尖的刺，一定要小心啊。”妈妈看着毛毛说。

　　“我会小心的，妈妈。”肚子饿坏了的毛毛急匆匆地朝那边爬过去。

走近一看，小草长在深深的石头缝里。

"石头缝太窄了，根本吃不到啊。"

毛毛失望地叹了口气。

这时，毛毛将身体蜷了起来。

咕扭，咕扭，咕扭。

毛毛的身体一下子从1厘米变成了原来的$\frac{1}{10}$。

只有1毫米长了！

"现在可以钻到石头缝里去啦。"爸爸看着毛毛说。

毛毛用变小的身体爬向石头缝——咕扭，唰，咕扭，唰。

"哇，看起来真好吃！"毛毛把小草塞进嘴里，细嚼慢咽起来。爸爸妈妈也用同样的方法吃到了小草。

没过多久，太阳就下山了。

晚霞把整个沙漠都染成了美丽的橘黄色。

"哇，太美了！"

毛毛第一次看见如此美丽的景色，完全沉醉其中了。

这时，不知从哪里传来了陌生的声音："太阳下山之前，最好赶快离开这里。"

一只大耳狐突然从洞里探出脑袋。

毛毛虫一家满脸疑惑地看着大耳狐。

"一到晚上，沙漠就会变得非常寒冷。你们可能挺不过去。"
大耳狐担心地说道。

毛毛虫一家决定尽快赶回森林。

天黑时分，毛毛虫一家终于回到了森林里。

"哎哟，总算是平安回来了。"

"还是到处都长满树叶的森林最好。"

毛毛一边吃着树叶一边说。

"就是啊，以前都不知道森林里这么宁静舒适。"

爸爸妈妈也爬到了树上，尽情地吃起了树叶。

那天晚上，毛毛虫一家睡得比任何时候都香甜。

对了，睡觉前毛毛还在"吸——吸，呼——呼"地练习呢，
这可是秘密哟。

让我们跟毛毛一起回顾一下前面的故事吧!

吸——吸,呼——呼,我的身体能变长变短,是不是很神奇呢?我和爸爸妈妈一起去沙漠旅行,遇到了很多危险。差点儿被蜥蜴吃掉的时候,我的身体伸长了 100 倍,从 1 厘米变成 1 米;为了吃骆驼草,我的身体缩成了 1 厘米的 $\frac{1}{10}$,也就是 1 毫米。厘米、米和毫米都是表示长度的单位。

接下来,我们就深入了解一下长度的知识吧。

数学面对面

数学概念	认识长度	34
身边的数学	生活中的长度	38
趣味小游戏 1	找爸爸	40
趣味小游戏 2	你来出题我来猜 1	41
趣味小游戏 3	你来出题我来猜 2	42
趣味小游戏 4	转转盘	43
趣味小游戏 5	距离的加法	45
趣味小游戏 6	去见大耳狐	46
趣味小游戏 7	去小粉的家	47
参考答案		48

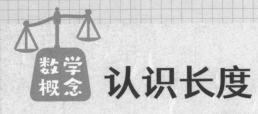

数学概念 认识长度

日常生活中，我们在表示长度时，会根据数值的大小，选择合适的长度单位。如果只用一种长度单位，当数值特别大或特别小时，就会很不方便。遇到这样的情况我们应该怎么办呢？

10000 厘米跑步比赛开始！

当长度比 100 厘米（cm）大时，可以用米（m）来表示。

100 厘米 = 1 米 → 10000 厘米 = 100 米

"100 米跑步比赛" 或 "百米赛跑" 更方便理解。

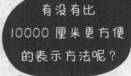

有没有比 10000 厘米更方便的表示方法呢？

左边这架钢琴的长度是 1 米 50 厘米，如果只用米作单位，该怎么表示？

50 厘米 = 0.5 米

这架钢琴的长度是：1 + 0.5 = 1.5（米）

有些长度比1厘米还小，如硬币的厚度，我们通常会用长度单位毫米（mm）来表示。

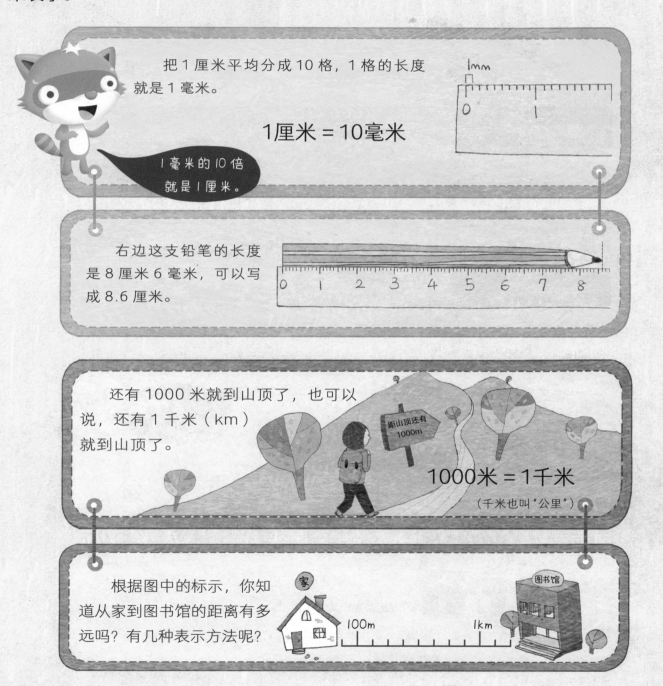

把1厘米平均分成10格，1格的长度就是1毫米。

1厘米 = 10毫米

1毫米的10倍就是1厘米。

右边这支铅笔的长度是8厘米6毫米，可以写成8.6厘米。

还有1000米就到山顶了，也可以说，还有1千米（km）就到山顶了。

距山顶还有1000m

1000米 = 1千米

（千米也叫"公里"）

根据图中的标示，你知道从家到图书馆的距离有多远吗？有几种表示方法呢？

家

图书馆

100m　　1km

表示长度的单位有很多，那么同一个长度可以用不同的单位来表示吗？

运动鞋的长度是 23 厘米，可以用毫米表示吗？

1厘米 = 10毫米
↓
23厘米 = 230毫米

运动鞋的长度是230毫米。

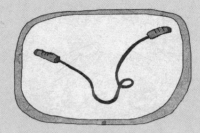

跳绳的长度是 2 米，可以用厘米表示吗？

1米 = 100厘米
↓
2米 = 200厘米

跳绳长200厘米。

长度单位相同时，直接比较大小；长度单位不同时，先统一单位，再比较大小。

从学校到游乐园和从学校到博物馆，哪一段路程更远？

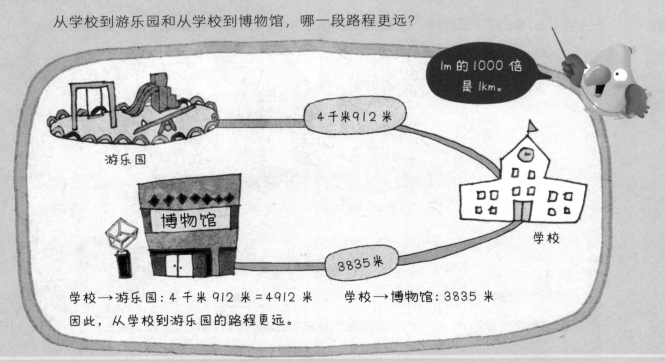

1m 的 1000 倍是 1km。

4 千米 912 米

游乐园

博物馆

3835 米

学校

学校→游乐园：4 千米 912 米 = 4912 米
因此，从学校到游乐园的路程更远。

学校→博物馆：3835 米

进行与长度有关的加减运算时，先换算为相同单位，再计算。

蓝色纸条比粉色纸条长多少？

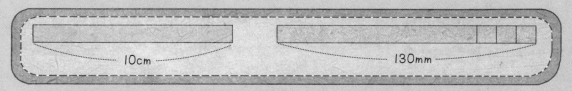

130 毫米 − 10 厘米 = 130 毫米 − 100 毫米 = 30（毫米）

或：130 毫米 − 10 厘米 = 13 厘米 − 10 厘米 = 3（厘米）

"蓝色纸条比粉色纸条长 30 毫米"和"蓝色纸条比粉色纸条长 3 厘米"的说法都是正确的。

粉色纸条和蓝色纸条拼接后，长度是多少？

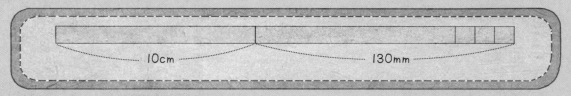

10 厘米 + 130 毫米 = 100 毫米 + 130 毫米 = 230（毫米）

或：10 厘米 + 130 毫米 = 10 厘米 + 13 厘米 = 23（厘米）

因此，拼接后，"纸条长 230 毫米"和"纸条长 23 厘米"的说法都是正确的。

好奇心一刻

如何表示宇宙中的距离？

地球到太阳的距离约为 1 亿 4960 万千米。地球到火星的距离约为 7000 万千米。太阳系行星之间的距离都非常遥远。因此，我们在表示宇宙中的距离时，会使用"光年"或者"天文单位（A.U.）"。1 光年就是光传播了 1 年时间所经过的距离，约 9 兆 4000 亿千米；1 A.U. 等于地球到太阳之间的距离，约 1 亿 4960 万千米。

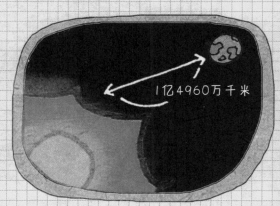

身边的数学 生活中的长度

我们已经了解了各种表示长度的单位。那么接下来我们就来看看，生活中长度是如何被广泛应用的吧。

📖 语文

谚语中的长度

有这样一句谚语："千里之行，始于足下"。"里"是表示距离的长度单位，1里等于500米，所以1千里就等于500000米，也就是500千米。这句谚语的意思是说，就算是500千米这样远的距离，最开始的那一步也是非常重要的。

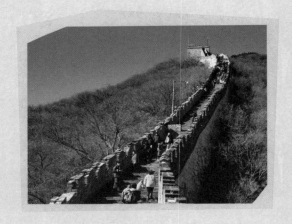

🏃 体育

马拉松

马拉松比赛全程共42.195千米，为什么这个数字不是整数呢？这要从马拉松比赛的起源说起。很久以前，有个士兵为了把战争胜利的消息带回雅典，从战场所在地马拉松开始，一个劲儿地快跑。他一直跑了约42千米，终于抵达雅典，但却在传达了胜利消息之后，因体力衰竭倒地身亡，马拉松比赛就是从这个故事发展而来的。因为要跑很长的路程，所以在参加马拉松比赛时，最重要的就是适当地保存体力。

地理

江河

中国的地形为西高东低，所以大部分的江河都是从西向东流。中国最长的江河是长江，全长约 6300 千米，发源于"世界屋脊"——青藏高原的唐古拉山脉，最终流入东海。鸭绿江是中国与朝鲜的分界线，长约 800 千米，发源于吉林省长白山南，最终流入黄海。

科学

菜粉蝶的一生

菜粉蝶经过卵、幼虫、蛹 3 个阶段，最终变成成虫。菜粉蝶的蛹和成虫模样完全不同，像这样由蛹变成成虫的发育过程叫作"完全变态"。变成成虫的菜粉蝶交配后，会在白菜或卷心菜上产卵，卵的形状为长约 1 毫米的椭圆。从卵中孵出的幼虫会蜕 4 次皮，然后变成长约 3 厘米的蛹。变成蛹的菜粉蝶不吃也不动，在蛹里耐心地等待羽化。最终，羽化的幼虫从蛹的背部爬出，展开白色的翅膀，变成了飞向天空的菜粉蝶。

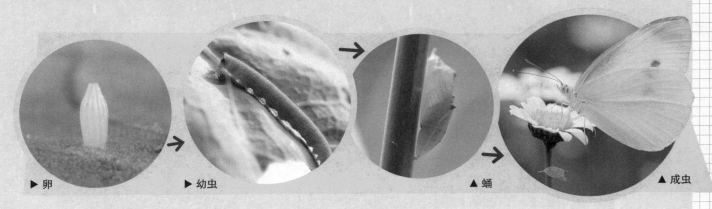

▶ 卵　　　　▶ 幼虫　　　　▲ 蛹　　　　▲ 成虫

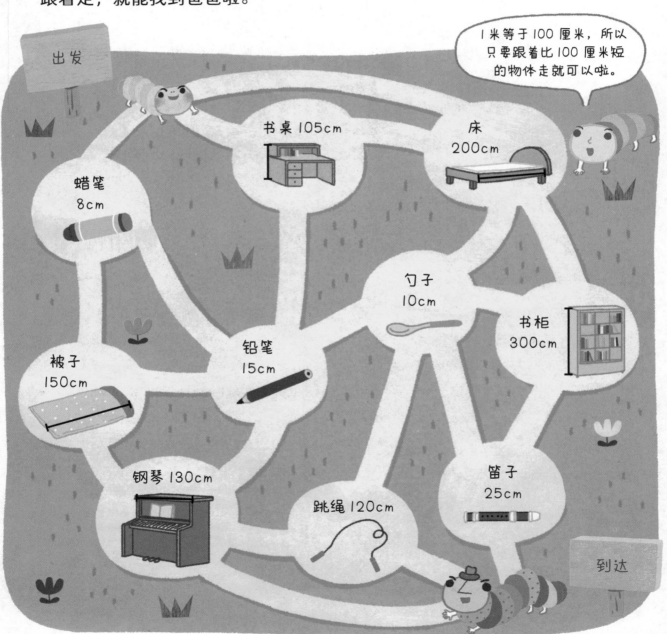

趣味小游戏1 找爸爸

毛毛要去找爸爸了，仔细阅读妈妈说的话，找出比 1 米短的物体，跟着走，就能找到爸爸啦。

出发

1 米等于 100 厘米，所以只要跟着比 100 厘米短的物体走就可以啦。

书桌 105cm

床 200cm

蜡笔 8cm

勺子 10cm

书柜 300cm

被子 150cm

铅笔 15cm

钢琴 130cm

跳绳 120cm

笛子 25cm

到达

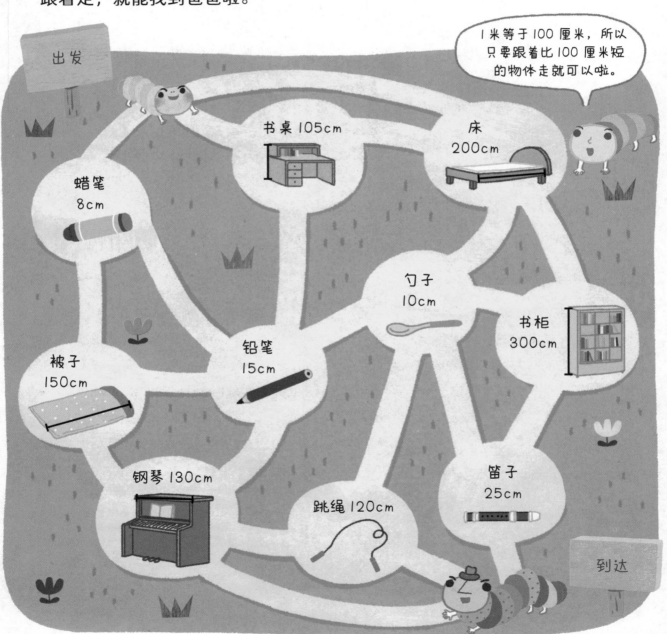

你来出题我来猜 1

小朋友们在玩"你来出题我来猜"的游戏。大家试着按照下面的游戏规则玩一玩吧。

游戏规则

　　先把下面两根紫色长条上的格子部分挖空，再把最下方写着答案的纸条沿着黑色实线剪下来，按照右图的示意，插进紫色长条里，抽动纸条，直到找到正确答案。

我们把 mm、cm、m、km 这样表示长度的符号叫作什么？

紫色长条

表示 1 厘米的 $\frac{1}{10}$ 的长度单位是什么？

紫色长条

答案纸条

长	毫	度	米	单	m	位	m	数	学

你来出题我来猜 2

我们再来玩一次吧！

游戏规则

　将前页剪下的答案纸条翻转过来，重新插进紫色长条里，抽动纸条，直到找到正确答案。

表示1米的 $\frac{1}{100}$ 的长度单位是什么？

紫色长条

表示1米的1000倍的长度单位是什么？

紫色长条

答案纸条

数	学	厘	千	米	米	c	k	m	m

转转盘

我们一起回顾一下前面学过的长度单位吧？按照下一页的制作方法做一个转盘，试着转动转盘，把写着一样长度的部分转到相同的位置。

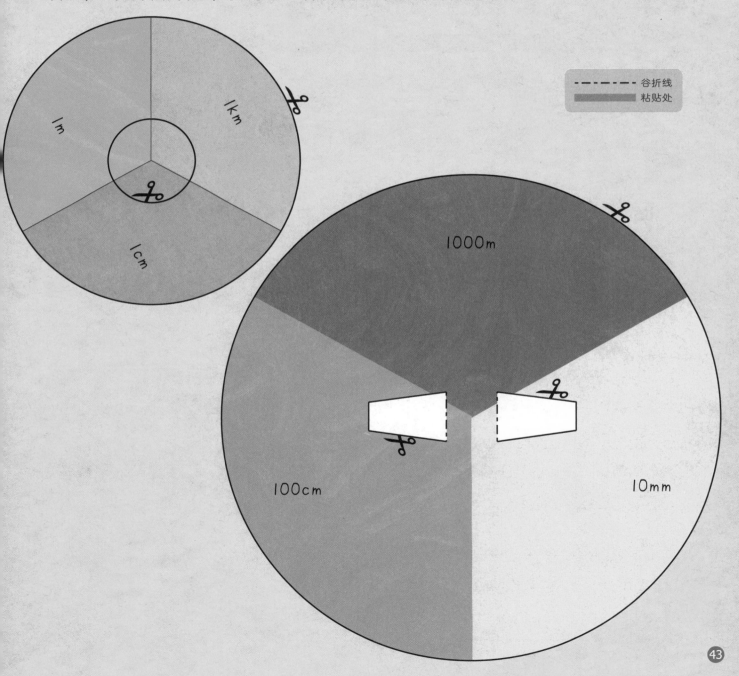

谷折线
粘贴处

制作方法

1. 沿着黑色实线把两个圆分别剪下来。
2. 剪开大圆中间的白色部分，沿折叠线折起来。
3. 剪开小圆中间的圆洞，将小圆放在大圆上面，把大圆向上折起的部分放进小圆中间的洞里，再向外折下来，将小圆固定在大圆上。
4. 转动小圆，把写着一样长度的部分转到相同的位置。

距离的加法

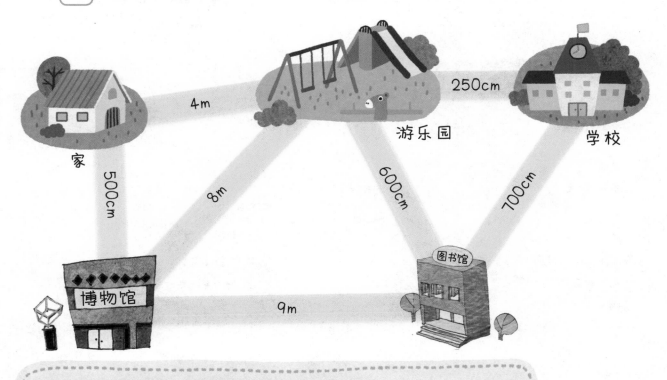

趣味
小游戏 **5**

毛毛正在进行关于距离的加法计算，仔细观察每个地点之间的距离，在 [ ] 里填上正确的数字。要注意数字后面的单位是否一致哟！

1. 从家经过游乐园，再到学校，需要走多少厘米？

4 米 + 250 厘米 = [ ] 厘米

2. 从博物馆经过图书馆再到学校，需要走多少米？

9 米 + 700 厘米 = [ ] 米

3. 从学校到图书馆，再到游乐园，最后回家，需要走多少米呢？

700 厘米 + 600 厘米 + 4 米 = [ ] 米

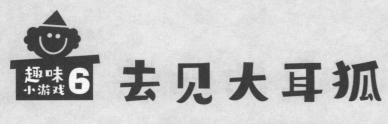

趣味小游戏6 去见大耳狐

毛毛要去沙漠绿洲里给大耳狐提一桶水。比较每条路的长度，帮毛毛选择一条最短的路吧。

1km

1200m

650m

沙漠绿洲

350m

900m

1300m

最短的路程只有1千米哟！

去小粉的家

阿虎想绕过有很多虫子的森林，到达小粉家。观察下面的地图，看看哪条路最近，并回答问题。

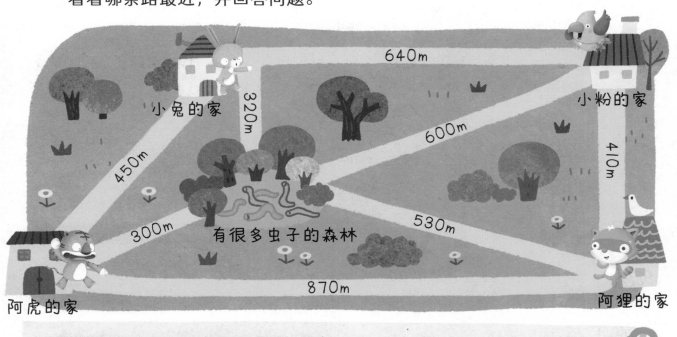

640m

小粉的家

320m

600m

450m

410m

小兔的家

300m

有很多虫子的森林

530m

870m

阿虎的家

阿狸的家

1. 算一算阿虎经过阿狸的家到达小粉家的距离。

阿虎的家 ⟶ 阿狸的家 ⟶ 小粉的家

☐ m + ☐ m = ☐ m

2. 算一算阿虎经过小兔的家到达小粉家的距离。

阿虎的家 ⟶ 小兔的家 ⟶ 小粉的家

☐ m + ☐ m = ☐ m

3. 阿虎想要绕过有很多虫子的森林到达小粉家，最近的一条路应该怎么走？

参考答案

40~41 页

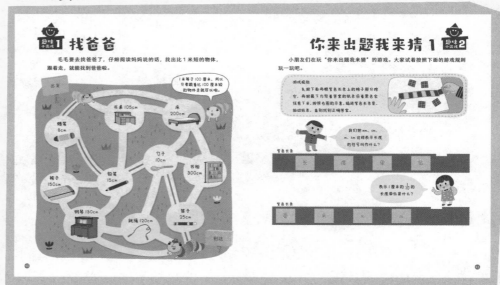

42~43 页

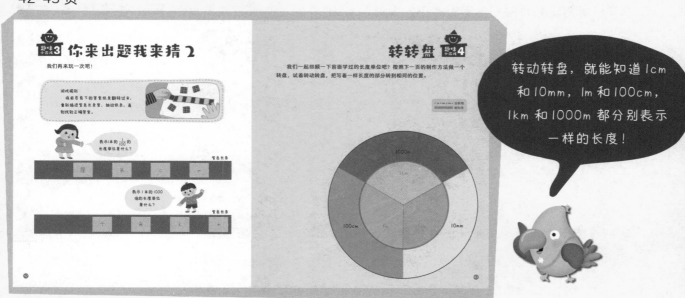

转动转盘，就能知道1cm和10mm，1m和100cm，1km和1000m都分别表示一样的长度！